はじめに

　山が好きで歩いていると、足元に色々な花が目に入ります。
雪田の付近は多種の花が咲き写真を撮るのに忙しい、迷子にならないように登山道を見失うことの無いように素早く写真を撮る。海外の高山になると標高4000mを超える付近で、高度順応の為滞在日がありトレッキングしますので、その時が高山植物の絶好の撮影日となります。花の形や色に感動しながらの散策となります。
　その高山植物等の生育環境はどのような地域でも厳しく過酷な環境にあります。
　気象条件による乾燥地、湿地帯及び風衝地、標高が高く低温地および氷河帯、緯度が高くツンドラ地帯及び氷河帯、大陸移動と造山運動によって出来る石灰岩地、マントルの貫入による蛇紋岩地等の特殊土壌、火山憤出物の火山礫地、傾斜地浸食が進んだ崖地等、種々の生育条件が絡み合って草本植物が生育しています。
　この様な過酷な環境のなかで、孤独に美しく花を咲かせている植物を紹介しますので紙上鑑賞してください。
　南アメリカ大陸の南端に位置する秘境パタゴニアをはじめ、北半球の、北米大陸のアラスカ、ベーリング海峡を渡って、アジア大陸のカムチャッカ半島活火山のアバチャ山、南に下がって中国南部の横断山脈の5000m峰のタークーニャン山、ヨーロッパ大陸のアルプス山脈、そしてアフリカ大陸のキリマンジャロを最後に、地球を一回りした植物を紹介します。
　もちろん、滞在期間が少ないために写真に捉えたもののみの紹介となり、また、生態学的な記述はありません。
　各大陸の植物には寒冷、礫地、氷河地などの複合した生育環境に応じた特有の植物があり、興味深く見ることができると思います。
　また、各大陸が離れているにも関わらず、同じ種の植物が生育しているのも興味深くかんじられます。
　読み進めていく内に、日本の高山植物と同一の種が多くあることを知らされます。
　改めて日本の植物相の豊富なことに気づかされます。
　ぜひ、学名をスマホ等で検索し知識を補完しながらお楽しみください。

　この本の特徴は、世界共通の学名、その日本語読み、学名の意味を記し、親しみやすくしました。学名を用いている為、外国の方にも自国の植物を見ていただけます。

　学名は、属名(generic name)、種小名(specific name 種の形容語)、命名者は省略した。
　又学名・種名については巻末の文献を引用しました。

　　　　　　　　　　　　　　　　　　（登山と植物の愛好家）　　　山猫柳（大野　修）

秘境　パタゴニア

クエルノス パイネ峰
三つのピークから成っています。白い部分は花崗岩からなりその上の黒い部分は堆積岩からなっています。それぞれのピークは2200mから2400m2600mとなります。

パタゴニアは南米大陸の南端付近にあります。チリとアルゼンチンにまたがっています。成田から空路ニュウヨーク・ペルーを経由、チリの首都サンチャゴへ。そこから国内線にてチリ南端のプンタアレーナスにいきます、ここまでの飛行距離が約2万1千キロにもなります。

プンタアレーナスは1520年にマゼランが大西洋から太平洋に出るために通過し発見したマゼラン海峡に面した町です。

ここから、目的のトーレスパイネ国立公園に行くのには、バタゴニアのステップを260キロ北上しプエルトナタレスという町に出て一泊します、そして又130キロを移動して漸くパイネ国立公園の入口に着き入園の許可をいただきます。

そしてグレイ湖の河畔に到着し遊覧船でグレイ氷河の末端を見てからトレッキング開始します。

グレイ氷河と末端部

高さ20mにも達するセラックが青い氷の塔になり、時々グレイ湖の中に崩落していきます。

グレイ氷河の末端の標高は70mと低く海面レベルの氷河末端です、それだけに融解が早い。

パタゴニアの太平洋側にはフンボルト海流という海流が流れています、その上を強い偏西風が吹き流れ暖かい湿った空気を補給しアンデス山脈にぶつかりチリ側には雨や雪を降らせアルゼンチン側には乾燥した風が吹き抜けます。

その風雪の堆積により出来た、南パタゴニア氷床は300kmの長さを持つ大きな氷河です。その腕に当たるのが、このグレイ氷河で消滅域の姿を演出しています。

牧草地コイロンの生える牧場。
ダチョウを一回り小さくしたニャンドゥという鳥の親子が牧場の中で食べ物を探していた。子供の数が多い 7-8 匹いたと思います

ラマの仲間のグアナコが草を食んでいた、パタゴニアステップのコイロンが沢山生えているので牧草地と思います。

Nardophyllum bryoides
ナルドフィリウム(nardus カンショウ・甘い松の phyllum 葉状)ブリオイデス(花茎がない)

Perezia recurvata
ペレジア(peregre 外へ) レクルバータ
(recurro 回帰する 戻る)
後ろに反り返る という意味の名を持つキク科の花です。よく見ると花弁の着き付かたが平面ではなくて上に階層になっています。

Senecio smithii
セネキオ(老人に由来する)スミッシイ
(人の名?)
現地では沼地のマーガレットと呼ばれている

Nassavia magellaniea
ナッソウビイア(?)マゲラニカ(マゼラン地方の)
キク科の花でトウヒレン属のような花の集まりです

さび胞子(*aecideum magellanicum*)
カラファテの木に寄生

Geranium magellanicum nativ
ゲラニュウム(geranos 鶴から出た名)マゲラニカ(マゼラン地方の)
フウロソウのように茎の細く長いもの低木の間に入りこんで寄りかかり上に伸びて 風に耐えています。

Acaena sericea
アカエナ(?)セリケア(sericatus 絹衣　絹糸状の)
バラ科の植物で群生しています、イガのような種をつかむと一瞬に広がり種が飛び散ります。
路沿いに繁殖しています、動物の足や毛に着きやすい。

Hypochoeris radicato
ヒポコエリス(hypo 下)
ラディカト(radicosus 根の多い)
キク科オウゴンソウ属　→
lintroduced ヨーロッパからの移入種

Calceolaria uniflora
カルセオラリア(calceolus 小さい靴) ウニフロラ(一花の)

ダーウィンがフェゴ島で発見したと云われる花でカルセオラリアは小さい靴という意味で、ウニフロラは花茎に花が一つという意味です。
花弁が上下二つに分かれているように見えますがよく見ると合わさっています。合弁花のゴマノハグサ科です。

上唇は節くれになって子房を保護するようにかぶさり、雄しべは二つ雌しべを中央に一つ、子房が見える、下唇の大きな袋は乾燥地の為、水を溜めるものか? 蜜の代わりに虫を誘う?
白い四角の突起は昆虫を誘う目印か?

Calceolaria tenella
カルセオラリア(小さい靴) テネラ (やわらかい)

テネラは柔らかいという意味です。
前種と同様に石の多い砂地に生きています。
下部は袋状、中に茶色の斑点、袋の後ろにも斑点がある。
がくは四片。

Geum magellanicum
ゲウム(美味)マゲラニクム(マゼラン地方の)

ダイコンソウ属の花です 5弁の花が多いですがこの花は6弁です

近くにあった同種のこれは5弁の花です

Saxifraga magellanica
サキシフラガ(石を砕く)マグラニカ(マゼラン地方の)

ユキノシタ属 砂地の養分の乏しい地にありました。
葉はクッション状になり多肉化しています。
北半球のアラスカから南半球の南端氷河地帯にまで分布(隔離)を広げ生育するユキノシタ属には驚きを感じます

Oenothera magellanica
オエノセラ(Oenothera(oinos 酒＋ther 野獣)) マグラニカ(マゼラン地方の)

日本のマツヨイグサは南アメリカ原産とありこれと同種か

Bellis perennis
ベレス(マーガレット bellus 愛らしい上品な)
ペレンニス(丸一年間続く)
ヒナギク属

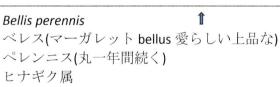

Alstroemeria aurea
アルストロエメリア()
アウレア (aureus 金色の)

灌木の間にあり、根は球根ではなく匍匐根でわずかに地表に表に現れていたように記憶しています

Gunnera magellanica
グンネラ(gunnatus 毛皮を着たに関係?) マゲラニカ

グンネラ属は最も大きな葉を持つ草本植物と言われている。が、この種は普通です。
標高の高い処の乾燥したところに生えていました。
南米 ニュージーランド、タスマニア等にグンネラ属があるといわれる。

Lathyrus nervosus
ラシラス(非常に刺激する) ネルボサス(力強い)

マメ科レンリソウ属
普通のマメ科の花です
砂地を好む

谷筋の岩づたいに水の落ちるところにありました。花は六弁、赤い実も見えます。単子葉と思いますが 不明です。

タケシマランの仲間か？

Gentianella magellanca
ゲンチアネラ(ゲンチウス王から由来)
マゼラニカ

オノエリンドウ属
水のたまった湿地水流のある斜面で植物が普通に好む場所にありました。
つぼみは薄い桃色になっています。

7

Ranunculus peduncularis
ラナンクルス(小さい蛙)ペドゥンクラリス(花柄のある)

キンポウゲ属 花弁が多いのはガクが変化したものか？
実はキツネノボタンに似る
やや湿り気のある所に生育

Chloraea magellanica
クロラエラ() マゲラニカ()

ランの花で、花は萎れています、これは湿地ではなく平原にありました。
蘭の花の南限の地といわれます。

Chloraea chica
クロラエア(chloreus 緑色の鳥)
チカ(?)

地衣類を二つみました
センニンゴケ？
とジョウゴゴケ？

Fuchsia magellanica
フクシア(fucus 紫深紅色,雄蜂) マゲラニカ

アカバナ科の木です
腰位の高さの木です

イギリスに旅行した時庭に背丈程のフクシアの木があり、早くからイギリスに移入していたのとしりました。

Escallonia virgata
エスカロニア(escula 食べ物)
ウイルガータ(しなやか)
ユキノシタ科の木で腰高位の低木です

Escallonia rubra
エスカロニア　ルブラ(赤い)
ユキノシタ科

Baccharis patagonica
バッカリス(丸い果実)パタゴニカ(パタゴニアの)
キク科です

Nassauvia abbreviata
ナッソウビィア(nassa 罠、落とし穴)
アブレビアタ(abbrevio 縮める)
キク科の植物、葉の先が固く鋭い

Berberis buxfolia
バーベリス(ツゲの葉に似た メギ科ヘビノボラス)
バクスホォリア(buxus ツゲの葉)

現地名でカラファテと呼ばれ、実はジャムに加工され販売されています。針状の刺が幹に生えています。学名はツゲの葉の様な葉のメギ科の意味です。

Gaultheria mucronata
ガウルセリア(人名)ムクロナアタ(mucronatus 尖った)

ツツジ科シラタマノキ属
日本のシラタマノキの実は白いが、この実は形の良いピンクの色です。
葉先は刺状です。

Empetrum Rubrum
エンペドラム(岩の上)
ルビラム(rubeo 赤い)

ガンコウラン科
　　　ガンコウラン属
日本のガンコウランは紫黒色ですが、赤い実です。
鳥が見つけ易くしていると思われます。

Nothofagus pumilio
ノトファガス(notho 偽 fagus ブナ) プミリオ(小人)

南半球の植物で、「南米、ニュージーランド、オーストラリア、ニューカレドニア、ニューギニアに生育していて、この地域はゴンドワナ大陸でつながっていた地域です。ノトファガスは原始的な植物で恐竜がいた頃の白亜紀には生育していて、哺乳類が隆盛してきた中新世(4千万年前)の頃、南極大陸(化石から判明)からパタゴニアを経由して南米に伝わった」(西田治文著植物のたどってきた道)とうように分布域から大陸移動説を裏付ける植物となっています。
この植物が、どのような環境の変化を生き抜いて来たのか想像が着きません。
このノトファガス生育環境は、標高 0 から 4000m 付近までと年間雨量 400mm から 600mm という雨量が適度にある環境に生育が適しています。パタゴニアの特徴として西風が強く、全体に森林の発達はなく、森の有るのは風の当たらない谷筋に発達しています。

葉の形は日本のブナの葉に似ています

Misodendrum paniculatum
ミソデンドルム(Miser 貧弱な dendron 樹木) パンクラトゥム(円錐花序の)
寄生植物のヤドリギに似ています。

アラスカ

北極に近いアラスカは、日本の4倍もの広さがあり、山地や河川が多く、緯度が高く、温度や土壌の環境が厳しく、ありのままの自然環境が残されています。
アラスカの南東に位置するアラスカ湾に近い処は山地で氷河が発達し、壮大な景観を見ることができます。

「ランゲル・セントエライアス国立公園」の花々はこの地の環境に適応し生きています。

宿泊のロッジは道の無いところにあります。移動は飛行機になります。
自家用飛行機の発着に使用する飛行場が設置されています
沢山の氷河の溶けた水によって出来た大きな川チチナ川です。
上空からの眺め

セントエライアス山方面 標高5000m付近と思いますが氷河の上にて撮影したものです。

飛行中に撮影した連なる山と、氷河谷が幾重にも重なります。

Dryas drummondii
ドリアス(森の妖精)ドルモンデイィ
(採集家ドラモンドの)
チョウノスケソウの花色を黄色にしたようです。

Hedysarum mackenzii
ヘディサルム(香水 ハッカ)マッケンジィー(人の名)
イワオウギ属
平地や川の流域に 広く分布
どの様な荒地にも咲いている

Oxytropis alpinus
オキシトロピス(oxys 酸っぱい tropis 酒の滓)アルピヌス(高山性の)
オヤマノエンドウ属
白色の花は珍しい。

Oxytropis campestris
オキシトロピス(oxys 酸っぱい tropis 酒の滓)
カンペストリス(平坦な)
マメの花は砂地や礫地の貧栄養血に好むかのように生えている。

Aster sibiricus
アスター(星)シビリカス(シベリアの)

Chrysanthemum integrifolium
クリサンセマム(キクの花)インテグリフォリウム(葉が全縁の)

Achillea borealis
アキレア(ギリシヤ軍の英雄の名)
ボレアリス(北方の)
ノコギリソウ属は葉の形にで見分けるがこれは日本や東アジア北米に分布するアキレア アルピナと同種か？

Linum perenne
リヌム(亜麻)ペレンネ(永久に、多年草の)
アマ科アマ属

Arctostaphylos uva-ursi
アルクトスタフィロス(arctos は北極・北方 stsphylos 総状の花序)ウバ(ブドウの房)ウルシ(熊の)
葉がコケモモより長めなので この種とした。

Pyrola grandiflora
ヒルロラ(pirus ナシの木から)グランドフロラ(大きい花の)
イチヤクソウ属

Cypripedium passerinum
キプリペディウム(ビーナスのスリツパ)パッセリヌム(雀の)

Amerorchis rotundifolia
アメロルキス(北米地域の)ロツンデフオリア(円形葉の)
花茎の基部の丸い葉が特徴のランの花

15

Potentilla uniflora
ポテンティラ(強力に 力づよく)ウニフローラ(単花の)
バラ科 キジムシロ属の花で日本にも仲間が生えています。
これは茎が木質化しています。

Castilleja caudata
カスティレイア(城・砦)カウダタ(尾状の)
葉・苞・花と区分できる。

Boschniakia rossica
ボスクニアアキア(ロシアの植物学者の名)ロッシイカ(ロシアの)
ハマウツボ科 花が咲き始めか。

Rubus arcticus
ルブス(ruber 赤から、木いちご)アークチィカス(北の)

Oxytropis maydelliana
オキシトロピス(oxys 酸っぱい tropis 酒の滓)マイデリリアナ(人名?)
河原の丸石と砂利の中で生きている。
貧栄養の地に生きられるマメ科ならではの植物です。

Hedysarum alpinum

ヘデイサルム(香水　ハッカ)アルピヌム(高山性の)

氷河が溶けて流れる大河にてラフティングし、昼食する。

水深は浅く砂と礫そして流木があちこちにある。

Dodecatheon frigidum
ドデカセオン(化学成分の匂い?)
フリギドゥム(凍えるほど寒い、寒帯の)
葉が大きいのが特徴。凍土平原に自生するサクラソウの仲間。花弁が反転している。

Anemone parviflora
アネモネ(風の娘)パルビフロラ(少ない花の)花数が一つの種です。

Polemonium acutiflorum
ポレモニウム(小アジア(トルコ付近)の東北部の国の王polemonに因む)アクチフロルム(先の尖った花)
ハナシノブですが、地際から直接花茎が出ています。

Silene acaulis シレーネ(マユミ等の低木を指す) アカウリス(無茎の) 寒さに耐えるため 背丈が伸びずにクツション状に生えている、

Anemone narcissiflora
アネモネ(風の娘)ナルキッシフロラ(水仙のような花)
日本にもみられる花。
前掲のアネモネより花数が多い。

Castilleja sp
前掲のものと違いカステイレアの
種で背が小さい

Dryas integrifolia
ドリアス(木の精の名前)インテグリホリア
(全縁の)
日本のチョウノスケソウの葉は歯牙状ですが、この種は全縁です。

Claytonia sarmentosa
クレイトニア(?)サルメントーサ(柴のような弦茎のある)
スベリヒユ科の花です。

Cassiope stelleriana →
カシオペ(アンドロメダの母)ステリアナ(分類学者ステラーの)
イワヒゲ属は鱗のような葉の重なりから花が出ている

Papaver alaskanum
パパベル(乳児の食べ物・かゆ、ケシの花)アラスカヌム(アラスカの)

Arnica sp
アルニカ(子羊)
薬草で香料に用いられている
ウサギギクの仲間

Oxytropis nigrescens
オキシトロピス( ) ニグレセンス(黒味かかった)
O.retusa マシケゲンゲに近いと思います

Campanula uniflora
カンパヌラ(小さい鐘)ウニフロラ(一つ花の)
標高の高いところに咲く

Pedicularis Kanei
ペディクラリス(シラミ虱に由来)カネイ(?)
穂状花序全体に綿毛が密生しています。
若い株は全体に白い綿毛に覆われて別種の
ように思われます。

綿毛に包まれた
花のつぼみ

Lupinus arcticus
ルピナス(ハウチハ豆・狼の) アルクティカス
(北極の)
私の見た中でルピナスの中で一番小さいです

Salix arctica
サリクス(シダレヤナギ属)アルクチカ(北極の)
草ではなく木です、地を這うようにして分枝し
生育しています。葉にも綿毛がついています

Draba sp
ドラバ(辛い)
イヌナズナ属ですが見分けが難しい

Saxifraga nivalis
サキシフラガ(石を砕く) ニバリス(氷雪帯に生じる)
葉が大きく全体がしっかりしています。

Aconitum delphinifolium
アコニツム(トリカブト属・acolythus 侍僧から)
デルフィニホリウム(delphinus イルカのような葉)
先端に一花のみで花数の最も少ない種と思われます。

Senecio sp
セネキオ(城・砦)
コウリンタンポポの仲間？
岩崩の中花も大きく珍しく濃い花色です

Astragalus umbellatus
アストラガルス(マメ科の)
アンベラァタス(散形花序の・日傘)
レンゲソウ属でタイツリオウギの仲間です、花が下向きに咲いています。

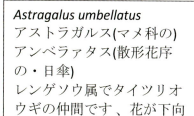

Gentiana glauca
ゲンチアナ(イリアの王の名)
グラウカ(灰白色の)
この種は同定が難しい

Erigeron uniflorus
エリゲロン(早い+老人で・灰白色の柔かい毛でおおわれた)ウニフロラス(一花の)
綿毛に覆われ開花まで花を保護しています
花色が白と赤茶と二段になっています。

Eritrichium sp
エリトリキウム(柔かい毛)
ムラサキ科でワスレナグサとは別種で混同しやすい

Dall Sheep
ドール シープ
遠くを野生のヤギの群れが走り去っていきます

23

Senecio triangularis
セネキオ(老人)トリアングラリス(三角の)
下部に三角形の葉があるのでこの名がある

Ranunculus Eschscholzii
ラナンクルス(蛙) エスクスコルジイィ(人名)

Anemone richadsonii
アネモネ(風の娘)リチャードソニイ(人の名前)キンポウゲの仲間と思います

Thlaspi rotundifolium
トゥラスピ(押しつぶす)ロツンディフォリウム(円形葉の)
雪田の脇の乾燥地に根がむき出して生えています。この状態で数年耐えているように思えます。
花弁が4枚でアブラナ科と分かる

根生葉のみ
Saxifraga ?

BAGLEY ICEFIELD (バグリィアイスフィールド)はアラスカとカナダ国境に位置するセントエライアス山(5489m)から流れ出る氷河をはじめ、コロンバス氷河等の氷雪を集め流れ下っています。
そのアイスフィールドの南側には3000m級の山脈が東西に走っていて南側にあるアラスカ湾に直接流れずに山脈に沿ってゆっくりと100km余を流れ下っています。その為、クレバスも少なく傾斜の緩い氷雪原が続いています。

バグリィアイスフィールド

アイスフィールドの標高3000m余からセントエライアス山(5489m)方面を望む。
手前の露岩は、アイスフィールドの雪の中から露出した岩の尾根と思われる場所です。
驚くことに、この小さな露岩地に小さい植物が生育していました。

広い氷雪原

露出した岩には一見して植物らしきものは見えない
←

アイスフィールドが平坦でクレバスが見えない。
安全のため、来た踏み跡に沿って*帰るところです。*
遠くに赤く見えるのが、搭乗した、自家用飛行機です。
機長を含めて**7**人乗ってきました。座席が**11**人分あると聞きました。飛行機はスキーを履いて離着陸をします。

流れる氷河の孤島に生きる植物

右下に以前からの枯れた遺骸が残っています。

根の長さ形はどのようになっているのか？
サボテンのようにひげ根がついているのみか？

Draba sp?　ドラバ(辛い)?
花はアカウリスで花茎が無数に出て雄しべ雌しべが自家受粉(花粉を運ぶ送粉者がいない)して素早く実をつけている。
種子は短角果でマメ科のナンブイヌナズナにています。
小石の隙間に根を張り生きています。
直系 5cm 位の小さな株です。
種子植物なので花弁や子房などの要件を具えていると思いますが、どのように種子が運ばれたか？
土壌がないため、どのように翌年葉や花を咲かせるのか、謎だらけの植物です。

短角果の実を沢山つけています。
水分は小石の隙間に溜まった砂を利用している？

Saxiflaga? サキシフラガ？
葉は肥厚し茎をのばさす、花の花序はなく(アカウリス)花茎に一個ついている。葉は植物体を保護するように丸くなっています。
分解が進まず葉の形を残す等の生えていた数十年?の痕跡がある。
パタゴニアの氷河地域にも似たようなサキシフラガがあります。
北半球と南半球とかけ離れた地に？

やっぱり不可解です。
氷河の真中に 花を咲かせる植物が育っている、なんとも不思議なことです
驚異としか表現がありません。
このような場から、数百年単位で花畑などの植物群落が発達するのだと思います。

数年前(5、6年?)自分の葉や根の残りを水分保持に土の代わりに利用しています。
葉の形、赤味を帯びた実はシコタンソウに似ている。

蘚類？

以前からの自身の遺骸の上に今年の新芽がそだっている。

分解者が少ないので原型を残し朽ちている。

イワタケ？

エンランタイ？

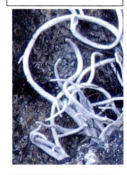

ムシゴケ？

ハナゴケ？

地衣類の成長によって、氷河からの露頭した年代が判るというが……？

デナリ国立公園

デナリ(マッキンリー)山

デナリ国立公園は、アラスカ山脈の高峰デナリ山(標高6193m)を含み、広大な面積(四国より大きい)を公園として指定しています。

公園のパンフレットには、植物相を大きく分けて解説しています。

タイガ(北方の針葉樹林帯)は、河や谷に沿って樹高9m程度の常緑のトウヒが主な樹種になりツンドラは、公園入口より上、標高500m付近から始まり、短い生育季節に適応した小型化した草花と矮小化した灌木が生育しています。

大きなカールを持った2184mの山

北極地リスが見られる。

Polemonium acutiflorum
ポレモニウム(ポンタスの王 polemon に因む)アクチフロルム(尖った花の)
自生地に葉の形や背丈が変わりやすく、この花は、ワンダーレイクという公園最奥の湖岸の湿潤な地にあり生育条件がよく大きい株になっています。

Pedicularis labradorica
ペディクラリス( )ラブラドリカ(labrum 唇、上唇又は labor 滑らかの意)
ツンドラの池のある場所に生える

Solidago multiradiata
ソリダゴ(solidus 堅い状態、金貨のような)マルチラディアータ(多く 輝いている)アキノキリンソウ属

Pyola grandiflora
ピロラ(pirus ナシの木)グランデイフロラ(大きい花の)
イチヤクソウ属

Senecio lugens
セネキオ(老人)ルゲンス(lugeou 嘆く 悲しむ)

Cerastium aruvense
ケラスティウム(cerstes 角蛇、角状の) アルベンセ(arvus 耕作地の)。
ナデシコ科ミミナグサ属

Ptentilla fruticosa
ポテンテイラ(potens 強力 有効な)フルティコーサ(frutico 分枝する)
キジムシロ属
キンロバイは草本ではなく 低木です。

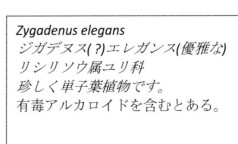

Zygadenus elegans
ジガデヌス(?)エレガンス(優雅な)
リシリソウ属ユリ科
珍しく単子葉植物です。
有毒アルカロイドを含むとある。

Geranium erianthum
グラニウム(ギリシャ語、鶴の嘴、果実の形から)エリアンスム(軟毛のある花の)。

Arnica alpina ssp angustifolia
アルニカ(仔羊)アルピナ(高山性の)アンガステイフォリア(細葉の)
ウサギギク属

Rose acicularis
ローサ(バラ)アキクラリス(針形の)
バラ属 オオタカネバラ

Epilobium latifolium
エピロビウム(スミレ色の花が子房の先に着く)ラティフォリウム(広葉の)
アカバナ属 高山性のヤナギランです
←

Saxifraga bronchialis
サキシフラガ(岩を砕く)ブロンキアリス(口の突き出ている)。茎を伸ばし、花茎も立派にあります。

Polygonum bistorta
ポリゴーヌム(多角形・タデ属)ビストルタ(二重にねじれた)
タデ属 イブキトラノオ

Mertensia paniculata
メルテンシア(人名)パニクラアタ(円錐花序の)
ムラサキ科ハマベンケイソウ属で日本ではエゾルリソウがしられる

Castilleja parviflora
カステイレア(カスタリアの女神)パルビフロラ(小型の花の)。
ツンドラ地帯の表面が溶けた湿地に生育している
草の多い処

Sedum rosea
セドウム(座るから来た)ロセア(バラの)
ベンケイソウ科キリンソウ属
デナリ公園にあるのは変種とされている

Astragalus umbellatus
アストラガルス(踝の骨)アンベラアタス(散形花序の)
マメ科レンゲソウ属
花が下垂せずに上向きなのが特徴

Pedicularis capitata
ペディクラリス( )カピタァタ(頭上花序の)
周りの草丈と比較しても背丈の小さいことが判ります、色は白から黄色の花です

Campanula lasiocalpa
カンパヌラ(小さな鐘)ラシオカルパ(長い軟毛の有る)

Viola biflora
ビオラ(スミレ属・すみれ色)ビフロラ(二花の)。

Viora langsdorfii
ビオラ()ラングスドルフィイ(採集家の名前)

Valeriana capitata
バレリアナ(ローマ人の氏族名・valesco「強くなる」の意味か)カピタァタ(頭上花序の)
カノコソウ属でちいさい花集まりが特徴

Saxifraga mertensiana
サキシフラガ( )メルテンシア(採集家メルテンスの)。

Delphinium glaucum
デルフィニウム(イルカ)グラウクム
(glaucus 青灰色の)

Gentiana porostrata
ゲンチアナ( )ポロストラアタ(上に広げられた)

Arnica lessingii
アルニカ(子羊)レッシンギィ(?)
がくの長いのが特徴

Pedicularis oederi
ペディクラリス(シラミに由来)オーデリー(odoro 芳香を放つ?不明)

Lagotis minor
ラゴティス(うさぎの耳)ミノール(より小さい)
葉の小さいのが特徴

Pedicularis sp
ペディクラリス()

Loiseleuria procumbens
ロイセレウリア(フランスの植物学者に因む)プロカムベンス(伏した、這った)
ツツジ科ミネズオウ小低木

Androsace americana
アンドロサケ(andros 雄+sakos 楯から)アメリカーナ(アメリカの)
花は muscoidea ムスコイディア(蘚苔に似た)とほぼ同じと思われますが、根生葉が違いますので、アラスカの固有種としているようです

Androsace chamaejasme
アンドロサケ() カマエヤスメ(小さい jasminum ジャスミンの)
分布域は、アルプス ヒマラヤ北極圏 ロッキー山脈とし広い範囲となっています

Arenaria Biflora アレナリア(砂) ビフロラ(二花の) ナデシコ科 ノミノツヅリ属 ↓

Minuarutia macrocarpa
ミヌアルテイア(うさぎの耳)マクロカルパ(大きい果実の)
ナデシコ科のタカネツメクサ属
日本のミヤマツメクサの仲間
雌しべの先が三つに分かれている

Papaver alaskannum
パパベル(papa は食べ物を求める幼児の言葉・ケシの花)アラスカヌム(アラスカの)

Anemone paviflola
アネモネ(風の娘)パビフロラ(小型の花の)
葉の切れ込みが浅い

Cardamine purprea
カルダミネ(cardamon からカルダモンはショウガ科)プルプレア(紫色の)

Diapensia lapponica
ダイアペンシア(？)ラッポニカ(ラップランドの)
北半球寒帯全域に分布するので珍しくはないが日本では高山に咲く花でクッション植物の一つです
日本のイワウメです

39

Potentilla aurea
ポテンテイラ(potens 強力)アウレア(黄金色の)
バラ科キジムシロ属・葉裏が白っぽいのが特長ですが図鑑では三出複葉は nivea ですが、葉が5出複葉では Potentilla aurea になります

Geum rossii
ゲウム(geuo 美味)
ロッシイ(採集家ロスの)
ダイコンソウ属は根生葉が羽状になっているものが多い
茎頂一花も特徴

Potentilla norvegica
ポテンテイラ(potens 強力)ノルベギカ(ノルウェーの)

Potentilla
ポテンテイラ
(pot 強力)
白花は不明
→

40

Claytonia scammaniana
クレイトニア(スベリヒユ科)スカンマニアナ(ヒルガオのような)
スベリヒユは乾燥等の荒地につよい草本です
辛うじて生きているこの植物の周りには他の植物は見当たりませんでした

Silene uralensis
シレーネ(silenus 酒神バッカスの養父の名から)ウラレンシス(ウラル山脈の、ヨーロッパとシベリアを分けている山脈)
ウラレンシスとしているが 別種か?
がく筒から花びらが見える
全体に短毛が生えて
花葉が対ではなく 片側
この花は この場所で一本のみ見られた

Lagotis glauca
ラゴティス(うさぎの耳)グラウカ(glaucas 青灰色の)

Polygonum bistorta
ポリゴヌム(多角形の、polygonus タデ属)ビストルタ(bis 二度、二重に、torte 斜めに)

Boykinia richardsonii
ボイキニア(植物学者ボイキンの名)
リレチャードソニイィ(リチヤードソンの)
日本のアラシグサの花は小さい

Linnaea borealis
リンナエア(スエーデンの博物学者リンネ)ボレアリス(北の)

アバチャ山

千島列島の先に、オホーツク海とベーリング海に挟まれたカムチャッカ半島があります。その半島には幾つもの火山が連なっています。半島の南の方に、ペテロパブロフスクカムチャキーという町があり、その近くに噴煙を上げる標高2741mのアバチンスキー山(アバチャ山)があります。

7月中旬、前日に降った新雪を踏んで頂上まで標高差1900mを13時間かけて往復しました。頂上は、噴煙が吹き出し、足元の地面は、雪も溶け、火山の熱で暖かく手で触れると暖かく地熱を感じます。

火山礫地に萌芽した植物多くは、パイオニア的な冒険的な植物といえます。

Penstemon frutencens
ペンステモン(五つの雄蕊)フルテンセンス(低木状の)
日本のイワブクロです。火山噴出礫の中にポツンと咲いています。

Dryas octpetala var.asiatica
ドリアス(森の精)オクトペタラ(8弁の)
日本のチョウノスケソウと同種

頭花の中に両性花と雌花が混在する

Artemisia glomerata
アルテミシア(ギリシャの女神アルテミスに因んだ) グロメラアタ(円形の)
アルテミスはゼウスの子、別名ダイアナは狩りの女神でローマ神話の名前　ヨモギ属

Phyllodoce caerulea
フィロドース(海の妖精)カエルレア(濃い緑の)
ツガザクラの仲間はどれもかわいい花をつけています、交雑しやすく花の形 色に変化がある

Lagotis stelleri
ラゴティス(うさぎの耳) ステレリイ(星を散らした)
日本の白馬岳 八ヶ岳にも分布するウルップソウよりも全体に細身です

Oxytropis kudoana
オキシトロピス(酸っぱく) クドアーナ(工藤の)
図鑑にカムチャカにも分布との記述があり ヒダカゲンゲとした

Viola crassa
ビオラ(スミレ属)クラッサ(多肉質の)
腎円形で多肉質のものは変種として日本には クモマスミレやヤツガタケキスミレがいずれも岩礫地に生える

Anemone narcissiflora var sachalinensis
アネモネ(風の娘)ナルシッシフロラ(スイセンのような花の)
日本のハクサンイチゲの仲間

Bupleurum triradiatum
バップレウルム(牡牛の肋骨)トリラディアツム(3つに放射状になった)
レブンサイコと同じせり科の花は小さいものが多い

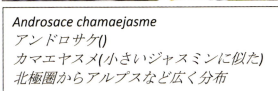

Androsace chamaejasme
アンドロサケ()
カマエヤスメ(小さいジャスミンに似た)
北極圏からアルプスなど広く分布

Saxifraga fusca
サキシフラガ フスカ(黒い)
日本のクロクモソウの仲間です。花が咲き終わっています。

Veronica alpina
ベロニカ(聖ベロニカ)アルピナ(高山の)
北東アジアの北極圏まで分布

葉対生 短柄　長い雄しべ2本 雌蕊1本が特徴

Saxifraga merkii
サキシフラガ() メルキィ(人の名 ?)
日本のチシマクモマグサと同一種
雄蕊が 10 本と多い

Stellaria ruscifolia
ステラリア(星型) ルスキフォリア(ナギイカダの葉のような) ナデシコ科
北極圏からアルプスなど広く分布 日本のシコタンハコベと同一、ナギイカダは地中海地方の常緑低木

Campanula lasiocarpa
カンパヌラ(小さな鐘)ラシオカルパ(長軟毛のある)
日本のイワギキョウと同一種

Papaver radicatum
パパベル(ケシ) ラディカーツム(根の多い)
ケシの仲間は岩礫地が好きなようです。
リシリヒナゲシも同様の地に生じています

Castilleja pallida
カスティレヤ()パルリィダ(色を失う)
花の外側は苞でその内側に雄しべと雌しべがある
アラスカのものと近似している

Myosotis alpestris
ミオソティス(二十日鼠の耳) アルペストリス(亜高山の) ワスレナグサ属
北半球の広い範囲に分布する

Rhododendron camtschaticum
ロードデンドロン(バラの木) カムチャカテイカム(カムチャツカの)
ツツジ属のこの花を利尻山で初めて見たときは、背が低くその割合にも花が大きいことに驚いた

Pedicularis apodochila
ペディクラリス(シラミ虱に由来)アポドチイラ(唇弁に柄の無い)
花柄が長く葉がついてないので日本のミヤマシオガマと同種とした

Silene repens var latifolia
シレネ(バツカスの養父)レペンス(匍匐する)ラティフォリア(広葉の)
カラフトマンテマの葉の広いものを変種としチシママンテマとしている

Cardamine pratensis
カルダミネ (オランダタガラシの名)プラテンシス(草原の)
タネツケバナ属

Cypripedium guttatum
キプリペディウム(女神ビーナスのスリッパ) グッタツム(斑紋のある)
日本のキバナアツモリソウに近い。
花は6枚の花弁を持っているそのうち一枚は壺状となっています。

Crepis sp
クレピス(小さな靴 サンダル)
花茎が元で二つに分かれていて二花咲くので二股タンポポといわれる

ベースキャンプ付近に居る 地リス

Potentilla stolonifera
ポテンテイアラ(強力 能力)ストロニフェラ(匍匐をもった)
長い花茎が斜め横方向に長いことからツルキジムシロとした。又基準の標本がカムチャツカであるということからもこの種とした。

タークーニャン

中央の氷河を頂いて、雲に隠れて頂上の見えない岩峰が四姑娘 6250m(スークーニャン)、その右が三姑娘 5355m、その右が二姑娘 5276m その右が大姑娘 5025m(タークーニャン)。7月中旬ですが雪があります。

大姑娘山の植物

中国四川省の大姑娘山は横断山脈の東側に位置し標高 5025m あります。アジアモンスーンの恵みを受けて植物種が豊富で花々にあふれています。
登頂した7月は雨期にあたり雨と雪に遭ってしまいました。
途中のパーロンシャン峠 4320m があります。崩壊地とおもわれますが石が混じり礫地に多種の高山植物が咲いて楽しませてくれます。

Meconopsis racemosa
メコノプシス ラケモサ

ケシの花特有の花弁が薄く、上から下に花がさいています。属名は「ケシもどき」で meconium=ケシからきています。racemosa はフサフサしたという意味で花弁や雄しべの様をいうと思われます。

Meconopsis simplicifolia
メコノプシス(meconium ケシ アヘン) シンプリキフォリア(単純な 素直な 花の意)

茎にとげが少ないのでこの種に同定したが？
花は新鮮で雄しべ雌しべが良く判別できる
メコノプシスは少しずつ違いがあり判別が難しい

メコノプシスは岩礫地が好きなようでいずれも岩の多い処で生育しています。
他のケシ科の仲間のコマクサも砂礫地に咲いて深い根をもつています。

Lamiophlomis rotata
ラミオフロミスロタタ
ラミオは板状、フロミス意味はシソ属ロタタは円盤の という意味です

植物の軸は2つあって一つは茎と根という軸で地表に対して上下に垂直に伸び、もう一つは、茎の中心から外にかけての太くなる軸(枝)です、これに従って植物は伸び成長します。(植物の成長戦略より)
でも、このシソ科の植物は廻りの草より葉を低くして大きくしています。上に伸びる成長をせずに横に伸びる方法を選んでいます。
その方法により、大きくした葉の面積の下から他の植物が侵入を防ぎ、光合成の為の面積を独占しています。
これも、草原に生きるこの植物の生きる戦略の一つと思います。

Phlomis melanantha
フロミス メラナンタ(黒い花の)
シソ科オオキセワタ属の植物
でメハジキに近い

オドリコソウ等の特有の四角の茎と
葉が対生しています

四角や三角の茎は折れにくい

Iris bulleyana
イリス(イリスは虹の女神)ブレヤナ(小さい水泡?)
花被の色が濃くトラの皮模様がハッキリしています。

Veratrum nigrum
ベラトルム(シュロソウ属) ニグルム
(黒い、暗い)
黒色のシュロソウ属は他に見られない ↑

Valeriana officinalis
バレリアナ
(valeo 力がある)オフィシナリス
(薬用の)

カノコソウ属

Polygonum viviparum
ポリゴナム(多角形の、タデ属)
ビビパルム(vivus 生命のある pario 生む、創造する)
タデ属
日本のむかごトラノオと同種

←

Oxytropis
オキシトロピス
細部に亘り描いてみたのですが種名は不明です
整った美しい花です
Oxys は酸いという意味
オヤマノエンドウ属

岩地のやや乾燥の処に生育しています。

Hedysarum sp
ヘディサルム
(香油の意味)
イワオウギ属

Astragalus sp
アストラガルス(踝、くるぶしの骨)
ゲンゲ属

Aquilegia ecalcarata
アクイレギア(水の使者)エカルカラタ(距の無い)
オダマキ属です。
日本のオダマキと比べると距が短い。

Geranium refractum
ゲラニュウム(鶴の嘴)レフラクツム(屈折とか反射する)
しべを隠さず花弁の前に大きく大胆に突き出しています。
森林帯の明るい場所に生育しています。

AconitumPendulam
アコニツム(トリカブト属)ペンドラム(ぶら下がる)

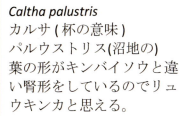

Caltha palustris
カルサ (杯の意味)
パルウストリス(沼地の)
葉の形がキンバイソウと違い腎形をしているのでリュウキンカと思える。

Salvia hians
サルビア(健康)ヒアンス(口を開けた)

Sculellaria hypericifolia
スクレテリア(小皿)ヒペリシホリア(キランソウの葉に似た)
タツナミソウ属

Stellera chamaejasme
ステレラ(星を散らした)カマエヤスメ(小さいジャスミンに似た)

Anemone vitifolia
アネモネ(風の娘)ビティフォリア(生命の花)
イチリンソウ属

Anemone rivularis
アネモネ(風の娘)リブラリス(青ざめた)
イチリンソウ属

Clematis tangutica
クレマチス(ボタンズル)
タングティカ(つかむ)
森林帯の植物でツルで他の木等に依存して這い上がり光を得る
センニンソウ属

Clematis montana
クレマチス モンタナ(山の)
クレマチスは大抵は4弁ですがこれは6弁です
ヒイラギの低木に絡みついていました
センニンソウ属

Cremanthodium reniforme
クレマントディウム(懸垂する?) レニフォルメ(反り返る形)
根際から葉が出て根生葉になっています
舌状花に特徴があります

Morina alba
モリナ(ルイスモリンという人が付けた) アルバ(白い)
下部にある葉は、アロエのように刺があります、花は筒状です、がくにも刺があります。

Polygonum vaccinifolium
ポリゴナム(茎に膨らんだ節がある)
バキニホリウム(栗毛色の葉のある)
タデ科
葉の縁が赤から茶色の縁どりの特徴からこの種とした。

Cardamine macrophylla
カルダミネ(ギリシャ名のカルダモンから)マクロフィラ(大きい葉の)
カレー粉の原料のカルダモンから来た名とありますがカルダモンはショウガ科であり無縁と思います。
タネツケバナ属
整正花冠の代表の例に挙げられるアブラナ科の花です。

Cyananthus sp
キァナントゥス(青い anthos 花)
キキョウ科

5弁の花の下部に膨らんだがく筒が見える。

codonopsis ovata
コドノプシス(鐘に似た)オバアタ(卵円形の)
花内側の葉脈模様が微細なのが特徴です

Codonopsis sp
コドノプシス(釣鐘に似た)
日本のツルニンジンに似ています

Gentianopsis paludosa
ゲンチアナプシス(リンドウに似た)パルドサ(沼沢の)
日本の高山にあるタカネリンドウと同属です
がく筒が長い

Lilium lophophorum
リリウム(ゆり)ロホ(鶏冠)ホルム(球状の)
先端が着いたままで咲いています。
黄色い花から桃色に変化しますが、先端が着いた
ままになっています。

Notholirion bulbuliferum
ノトリリオン(まがい・偽のゆり)バルブリ(球状の)フェルム(野生の)
下部は根生葉
ユリ科なのになぜ偽のユリなのか

Corydaris sp
コリダリス(コルドスひばり)
↑側の花弁が割れ中から
雌しべが現れている

Corydaris ambigua ⟶
コリダリス( )アンビグス
(*ambiguus* 曖昧な)
日本のエゾエンゴサクと同一か

58

Rhodiola curenulata
ロディオラ(イワベンケイ属)クレヌラタ(やや円鋸歯の)
ベンケイソウの仲間は厚めな葉が特徴

Saxifraga sp
サキシフラガの仲間
岩の割れ目に根を降ろしていて力強さを感じます。
又花も鉄錆色で乾燥に強そうです。

Saxifraga signata
サキシフラガ(岩石を砕く)シグナータ(明瞭な)
岩地に多い

Veronica alpina
ベロニカ(聖ベロニカ)アルピナ(高山性の)
キリストに汗を拭うハンカチを差し出したとする聖ベロニカの種名です
クワガタソウの仲間は葉が歯牙状に切れ込みがあるのがほとんどですがこの種は切れ込みがなく全縁です。
分布はヨーロッパからアジア、北米と広い。

Saxifraga aurantiaca
サキシフラガ(岩石を砕く)アウランティアカ(橙色)
ユキノシタ属では花色形がはっきりとしています。

Callianthemum insigne
カリアンテヌム(美しい花)インシグネ(秀でた)
キンポウゲ科ヒダカソウ属
日本のキタダケソウと殆ど変わらない。

Cypripedium tibeticum
シペリペデイウム
(cyprus キプロス島の女神 pedilon スリッパ)
チベテイクム(チベットの)
キプロス島の女神はアフロディーテイで(ローマ神話ではビーナス)花の堂々とした美しさに例えたと思います。
この仲間は袋が特徴です。

Meconopsis integrifolia
メコノプシス(meconium ケシ psis は似たもの)インテグリフォリア(全縁葉の)黄色の花色は一種

Ajuga lupulina
アユガ( )ルプリナ(鳶口の)
シソ科のキランソウ属の花(唇形花)は葉に隠れて見えない

Meconopsis punicea
メコノプシス(meconium ケシ psis は似たもの)プニケア(鮮紅色)赤色の花色は一種

Corydaris roseotincta
コリダリス(ギリシャ語のコルドスひばりの意味)ロセオティンクタ(バラ色に染められた)

Corydalis delavayi
コリダリス ()デラバイィ(中国で植物を集めたフランス人の名前)

Corydalis adunca
コリダリス アドゥンカ(鈎型の)
15cm 位の高さです。花茎が伸びて茎頂に花があつまっています。

Pedicularis(superba?)
ペディクラリス(pediculus は小さい脚ともう一つにシラミ虱という意味があります)スペルバ(卓越した)
このシオガマギクは高さ 60cm 以上茎の太さは 4cm 余りとても大きく該当する種名を見分けられません。
シオガマギク属は半寄生植物といわれます、光合成する葉が小さく大きな体とアンバランスです。

Pedicularis oederi
ペディクラリス オーデリー(香り?)
日本の大雪山のものは変種です。

Pedicularis sp
ペディクラリス
背が高く 葉は 4 つに対生しています。
日本のヨツバシオガマに白花種がありますがそれと同種か?

Pedicularis cranolopha
ペディクラリス クラノロフア()
唇形花は種によって微妙に違いがあります。
唇形花の上唇の先が二股に分かれています。
下唇は三列しています その根元に密栓があるようです。
Longiflora には花冠中央に斑点がある。

Pedicularis sp
ペディクラリス
花の咲き方が上の花と似ていますが、花色が違い上唇の先端が裂けていません。
閉鎖花のように思います。

Pedicularis sp
ペディクラリス仲間
日本のベニシオガマに近い種とおもいます。
上唇の先から柱頭が飛び出す穴が見えます。
下唇は昆虫が止まりやすいような造りです。

> *Pedicularis monbeigiana*
> ペディクラリス モンベイギアナ
> 開花が進むにつれ 上唇の先端がくるっと上向きに変化します。
> 柱頭がわずかに出ています。その先に白く膨らんだ部分が雄しべが入っていると思われます

> *Pedicularis siphonanta*
> ペディクラリス シフォナンタ(サイフォン管の様な)
> 岩と岩クズの間の隙間に4本花茎を伸ばし咲いています。
> 上唇は平らになって巻き込み 柱頭らしきものは見当たりません

> *Pedicularis sp*
> ペディクラリス
> 日本のタカネシオガマに近い種と思います。
> 上唇の先端から柱頭が飛びだし正統派の花と思いますが、相変わらず雄しべが見当たりません。

Primula pinnatifida
プリムラ(最初に咲く花) ピンナティフィダ(羽状中裂の葉)
昆虫が下から入りそうな花の傾きになっています。
←

Primula macrophylla
プリムラ() マクロフィラ (大葉の)
サクラソウは合弁花冠で同様にがくもがっ着して、合弁がくになっている。

Primula involucrata
プリムラ()インボォルクラタ(総苞のある)
サクラソウの仲間は、雄しべ先熟するものと雌しべが先熟するものとがある。
←

66

Primula amethystina
プリムラ アメスィテイナ (紫色の)
花の半開きが特徴です。

Primula sikkimensis
プリムラ シッキメンシス (シッキム・北インドの)
下向きに咲く。

Stellera chamaejasme
ステレラ (分類学者ステラーの名前) カマ
エヤスメ (地面を這うジャスミンに似た)
白 ピンク 黄色の花あり

Oxalis オキザリスの仲間か？
5弁の花

Gymnadenta (conopsea?)
ギムナデンタ(裸の腺)
コノプセア(花の形が蚊に似た)
日本のラン科テガタチドリに似る ←

Gymnadenta cucullata
ギムナデンタ(裸の腺)ククラアタ(斑点がホトトギスの胸の模様に似る)
ラン科ミヤマモジズリ ↑

Pedicularis monbeigiana
ペディクラリス モンベイギアナ
前掲のクリーム色のモンベイギアナと色違いか?

Myosotis laxa
ミオソティス(二十日鼠の耳) ラクサ(laxo 和らげる緩める)
ムラサキ科の花はワスレナグサ属とルリソウ属の見分けが難しい。

Aster sp
アステル(星)
黄色と薄紫の配色のアスターは分布が広いです

Allium pratii
アリウム(にんにく)プラッテイー(草原の)
日本のAllium sprendens ミヤマラッキョウに似ている

Eritrichium
エリトリキウム(軟毛)
ムラサキ科のミヤマムラサキ属と思いますが 特定できず

Saxfraga SP
サキシフラガ(岩石を砕く)
不明

アルプス

モンブラン、アルプスの最高峰・4807m

氷河・メールドグラス
河のように流れている様が判る

アルプスは、ヨーロッパを東西に走る山脈で、フランス、スイス、イタリア、ドイツ等にまたがっての大山脈です。パンゲア超大陸が分裂しプレートが移動し、アフリカ大陸とヨーロッパ大陸が衝突したことで生じた大規模な造山運動の一つです。
そして何回かの氷河期が到来し、大気や雨、氷が隆起した大地を削り荒々しい山と谷をつくりました。
一方植物たちは、寒暖を繰り返す数度の氷河期や間氷期の変動に対して、移動や盛衰を繰り返し多様性をまして、現在の植物相を作ってきました。

Geum montanum
ゲウム(?)モンタヌム(山の)

Trifolium alpinum
トリフォリウム(三葉の)アルピヌム(高山性の)
シャジクソウ属　葉が三出複葉

Saxifraga bryoides
サキシフラガ(石を砕く)ブリオイデス(コケに似た)
葉が下方に円形に蜜になっています

Pedicularis keruneri
ペディクラリス(シラミ)ルネリ(不明)
羽状複葉が細かいのが特徴

Rhododendron ferrugineum
ロドデンドロン(バラの樹木)フエルギネウム(鉄さび色)
アルペン ローゼと呼ばれる石楠花の仲間

Potentila aurea
ポテンティアラ(強力)アウレア(黄金色の)

Homogyne alpina
ホモギネ(homo 人間 gyas 百手の巨人)アルピナ(高山性の)
花茎頂に赤紫色の頭花を単生、管状花のみ

Cirsium spinosissimum
キルシウム(円筒状)スピノシッシマム(多くの刺を持つ)
80cm 位の大きなアザミで全体がトゲだらけ

Myosotis alpestris
ミオソティス(二十日鼠の耳)アルペストリス(亜高山の)

頭花には舌状花が無く、管状花です

Adenostyles alliariae
アデノスティレス(adenos 腺 stilus 尖った筆)アリアリアエ()

Phyleuma scheuchzeri
フィテウマ(キキョウ科ギリシヤ名)
ショイヒツエリ(人名?)
花弁が5本先端でまとまっている

Lotus alpinus
ロータス(蓮、蓮に変形した妖精)アルピヌス(高山性の)
マメ科ミヤコグサ属

Silene vulgariss
シレネ(バッカスの養父の名)ブルガリス(普通の)
標高の低いところの牧場でも見られる

Campanula rotundifolia
カンパヌラ(小さい鐘形)ロッンンディフォリア(円形葉の)
葉・がくの細いのが特徴

Primula minima
プリムラ(最初・早春に咲く)ミニマ(最小の)
葉はくさび型　岩の隙間に生える

Viola calcarata
ビオラ(スミレ属)カルカラータ(距のある)

Pulsatilla alpina apifiolia
プルサティラ(鐘を)打つ鳴る)アルピナ(高地の)
アピフォリア(apium せり科の葉に似た)

コヒョウモンモドキ(Mwlitaea phoebe)
標高の高いところにいる蝶

Sempervium arachnoideum
センペルビブム(sedum ベンケイソウ科)ア
ラクノイデウム(クモの巣状の)
花の真ん中が黄色

Traunsteinera globosa
トラウンステイネラ(?)
グロボサ(球形の)

Paradisea liliastrum
パラディセア(楽園) リリアストルム(ユリのような)
Paradisia パラディシア属 花弁の重なりがない

Saxifraga aizon
サキシフラガ() アイツオン(常緑の)
花の真ん中が黄色
岩場の石の上に 葉の塊から花茎を出している

Ranunculus seguieri
ラナンクルス(子蛙・オタマジャクシ)
セグイエリイ(劣った・より弱い?)
各花弁に刻みがある

Gentiana alpina
ゲンチアナ(ゲンチアナ王)アルピナ(高山性の)
花は大きく茎頂に単生

Trollius eruopaeus
トロリウス(ドイツ語の *troll* 小人の妖怪 *troll blume* キンバイソウから)エルオパエウス(ヨーロッパの)

Pinguicula leptoceras
ピングィクラ(やや太った)レプトケラス(*lept* 薄い 弱い 蝋質の)　←

Geranium pratens
ゲラニウム(鶴の嘴種子の形から)プラセンテ(草原性の)

Dryas octopetala　←
ドリアス(森の精)オクトペタラ(八花弁の)
この花の分布域は広い

Anthylis vulneraria
アンテイリス() ブルネラリア(傷の)
マメ科の植物　石灰岩を含む土地に多い

Gypsophila repens
ギプソフィラ(石灰を好む) レペンス(匍匐する)
花茎が上部で分枝する

Globularia repens
グロブラリア(小球形) レペンス(地を這う)
葉はヘラ型　匍匐枝が木質化

Linaria alpina
リナリア(lineus 亜麻に似る) アルピナ(高山性の)
氷河に下る不安定な斜面に咲く

Gentiana acaulis
ゲンチアナ(ゲンチアナ王)
アカウリス(無茎の)
花茎が短く、単性
茎から花茎が一本で一花が付く

Gentiana bavarica
ケンチアナ(ゲンチアナ王)ババリカ(ドイツ・バイエルン地方の?)
雄しべが白色

Pedicularis sp
ペディクラリス(シラミに由来)
シオガマギクの仲間は判断が難しい
アルプスの石灰岩地に生える種か?

Primula sp
プリムラ(purimus 初めの、開始の)

Androsace obtusfolia
アンドロサケ(?)オブツスフォリ(葉の先が鈍形の)

Antennaria dioica
アンテナリア(触覚) ディオイカ(雌雄異株の)

Saxifraga oppositifolia
サキシフラガ(石を砕く)オッポシティフォリア(対生葉の)
わずかですが数段の葉の着いた茎があります。

Leontopodium alpinum
レオントポディウム(ライオンの足首)アルピヌム(高山性の)
エーデルワイスは草地より荒地に多い
野生のものは少なくなっています。

Hieracium pilosella
ヒエラキウム(鷹・鷹が食べる植物) ピロセラ(細長毛が疎にある)
花弁の先が平に裂けている。

79

Epilobium fleischeri
エピロビウム(すみれ色＋先＋房の造語)
フレイスケリィ(人名?)

Brassica repanda
ブラシカ(キャベツ)
レパンダ(さざ波のようにうねった)

Aconitum vulparia
アコニツム(毒・トリカブト　acor
酸味から?)ブルパリア(vulpes キツネ・きつね色の)

Scabiosa sp
スカビオサ(カイセンにかかっている)
マツムシソウの仲間ですが不明

Aster laevis var.greyeri
アスター(星・星状体) ラエビス(levis 滑らかな すべすべの)
シオン属

Aconitumu napellus
アコニツム(トリカブト)ナペルス
(napaeae 谷の妖精?)

Astrantia major
アストランティア(astrum 天体星座に由来か)マヨール(より大きい)
せり科
Major はメジャーと発音した方が 分かりやすいか?

Ajuga pyramidalis
アユガ(augeo 成長させる?) ピラミダリス
(三角錐の)
シソ科キランソウ属

Allium vineale
アリウム(ニンニク)
ビネアーレ(ぶどう酒の)

Polygonum bistorta
ポリゴヌム(多くの節) ビストルタ(二重によれた)

Euphorbia cyparissias
エウホルビア(人名・医者の名) キパリシッシアス
(イトスギ、イトスギに変えられた少年)
少年の名は、キュパリソッス
杯状花序　基部に花序と雄花
先に果実と雌花
トウダイグサ属

Epilobium alsinifolium
エピロビウム(すみれ色の花が子房の先につく)アルシニフォリウム(ナデシコ科に似た葉の)
アカバナ属

Erigeron glaucus
エリゲロン(やわらかい毛で覆われた花が早く咲く)グラウクス(青灰色の 鉛色の)
アスター属よりこのムカシヨモギ属は花弁が密です

Rhinanthus alectorolophus
リナントウス(鼻に由来?形か)アレクトロロフス(alecto 悪鬼?)
コゴマノハグサ科
花が袋状の包葉から出ています。奇異な形です

花畑が美しく、足を止めてしまう程です。

Campanula thyrsoidea
カンパヌラ(小さな鐘) チルソイデア(酒神バッカスの杖のような)

Gentiana lutea
ゲンチアナ(ゲンチアナ王)ルテア(黄色の)
石灰岩地に生えてかなり大きく成長している

Campanula barbata
カンパヌラ(小さい鐘形)バルバアータ(円形葉の)

Cicerbita alpina
キケルビタ(エジプト豆)アルピナ(高山性の)
キク科

Gentianella campestris
ゲンチアネラ(オノエリンドウ)カンペストリス(平野の)

Silene dioica
シレネ(バッカスの養父の名)ディオイカ(雌雄異株の)
石灰岩地に生える

Saxifraga sedoides
サキシフラガ()セドイデス sedum ベンケイソウ属に似た)
がくが花弁と同じ大きさになっています

Soldanella alpina
ソルダレナ(solidas 全体 完全)アルピナ(高山性の)

Dianthus plumarius
ディアンツス(dios=ジュピター anthos=花 ジュピターの花)プルマリウス(羽毛で覆われた)
ジュピターはローマ神話の神の名　ギリシャ神話ではゼウス
ナデシコ科

Dianthus deltoides
ディアンツス( )デルトイデス(三角形の)
石灰岩地方に多い

Thymus pulegioides
ティムス(thymo 神聖な(供物に使われたので))プレギオイデス(ノミを退治するに用いた)
イブキジャコウソウ属

Sanguisorba uniflola v.alba
サンクイソルバ(血を吸う)ウニフロラ(一花の)アルバ(白の)
トウチソウの仲間

Thlaspi rotundifolium
トラスピ(ナズナ)ロツンディフォリウム(円形葉の)
平たい石が堆積する隙間に根をおろしていた

Arnica montana ? ←
アルニカ(子羊)モンタナ(山地・山国)
葉が対生では無く互生なので
アルニカ　モンタナ　と同定できない

アルプスの懸垂氷河 ←

Verbascum thapsus ↑
ベルバスクム(モウズイカ属)タプスス
(thaosis せり科の)
日本に移入されていて野生化している

Ranunculus alpestris
ラナンクルス(子ガエル、オタマジャクシ)アルペストリス(alpes ギリシャの山脈の・亜高山の)
標高の高い岩礫地で見ました

Ranunculus glacialis
ラナンクルス(子ガエル、オタマジャクシ)グラキアリス(氷河地帯に生えた)
岩石の崩壊したところに生育　←
葉はやや肥厚している
上の2種は色違いの同種

Caltha palustris
カルタ(黄色の花)パルストリス(沼地を好む)
分布域が広く　北半球の極地から寒帯に及ぶ
リュウキンカ属
　　　→

Lilium martagon
リリウム(ユリの花)マルタゴン(不明)

Centaurea montana
ケンタウレア(ギリシャ神話の半人半馬ケンタウルス)モンタナ(山の)
園芸種の矢車草は1955年ごろ庭で栽培していました。

Cerastium arvens
ケラスティウム(角状の)アルペンセ(原野性の)
ミミナグサ属

ゴルナーグラードからのマッターホルン

崖に立つ　アイベツクス

Angelica sylveatris
アンゲリカ(angelicus
天使の)ルベルトリス (silvosus 森の)
シシウド属

Gentiana nivalis
ゲンチアナ(ゲンチウス王)ニバリス(氷
雪帯に生ずる)
がく全裂　線形で細い

Hypochoerts uniflora
ピポコエリス(hypo 下?)(ウニフロラ(一花の)
オウゴンソウ属

Viola alpina
ビオラ(スミレ属)アルピナ(山の)

大地溝帯の中に噴出したキリマンジェロ山

キリマンジャロは、アフリカ大陸東側の大地溝帯の中にある、マントルから上昇してきたプルームによって地殻が割れそこに出来た火山です。赤道直下にありますが、標高5895mもあり山頂付近には氷河をのせています。

気候帯大きく分けるとサバンナ気候に入りますが、キリマンジャロ山は高山気候でインド洋からの風や赤道低圧帯に入る等の影響をうけ山の下部は年間2000mm以上のもの雨が降り耕地、森、熱帯雲霧林などに変化し、上部に行くにつれ雨量は減少し標高4000m付近では雨量も250mmと少なくなり乾燥した荒地となります。登頂の日は、雨季が終了しているはずでしたが、雨カミナリ、風雪の悪天候、そして、地上の半分という薄い酸素に悩まされた登頂でした。

入口にはゾーン別の区分けの表示版があります。
標高が高くなるにつれ、気温と雨量そして土壌が代わり、それに応じた植生が変化

Scadoxnus multiflorus
スカドクスヌス(scando そびえ立つ、突出する)マルチフロラス(多数花の)
林床の光の当たる場所にさいています。
森の植物です。

Impatiens killimanjari
インパチエンス(忍耐できない、短気な)キリマンジャリ(キリマンジャロの)
ツリフネソウの仲間です。

Carduus chamac
カルドウス(carduus アザミ)カマック(小さい?)
ヒレアザミの仲間で茎に翼がある

Romulea
ロムレア(ローマの神クリヌス) ()
種小名はわからず、単子葉植物でこの種はアフリカに多い

Helichrysum meyeri-yohannts
ヘリクリスム(helios 太陽と chrysos 黄金の意)メイリイヨハン(人の名)

Lobelia deckenii
ロベリア(lobe 人の名)デェクニィ()
キリマンジャロの下部で湿潤のところに生えています。

Haplosciadium abyssinicums
ハプロスキアデウム(hapalopsis 薬味の一種に由来?) アビッシニカム(abyssinia エチオピア(旧名)の) 葉は羽状
セリ科

Hebenstretia dentata
ヘベンストレティア(?)デンタタ(dentatus 歯状の)
アフリカの固有種

Euryops dacrydioides
エウリオプス(エウリュアレのこと・トゲだらけの髪を持つゴルゴン・葉をたとえた)
ダクリデオイデス(しずくや涙のような)

ギリシャ神話に出てくる、ゴルゴンは三人の女の怪物・ステンノー・エウリュアレ・メドゥーサの三人

Ranunculus oreophytus
ラナンクルス(ranunculus 子ガエルオタマジャクシ)オレオフィタス()
湧水の流れの中に咲いていました

Kniphofia thomsonii
クニフォフィア(人名)
トムソニィ(人名)
ツルボラン属
幾つかの種が園芸種としてなっているようです

Helichrysum nerwii
ヘリクリスム ネルウイ(?)

Helichrysum citrispinum
ヘリクリスム()キトリスピヌム(シトロンの木のような)
前掲のものよりも花数が多くやや小さい

Lobelia holstii
ロベリア(人の名)ホルスティ(oleo 芳香を放つ?)

Protea kilimandschanica
プロテア(ギリシャの神プロメテウスに由来)
キリマンズカニカ(キリマンジャロの)
ヤマモガシ科
スイレンの花のような外側のものは総苞でその内側が花です

Arabis sp
アラビス(arabia に因んだヤマハタザオの仲間)

Clinopodium
クリノポディウム
(clino 傾いている podium 葉柄)()
トウバナ属と思われる 極 小さい

Geranium Sp →
ゲラニウム(長い嘴状の実を鶴の長い嘴にたとえた)

Anemone thomsonii
アネモネ(風の娘)
　　　　　　　　トムソニィ
花弁はガクです。裏側は赤桃色ですが内側は白色となっています。

crotalaria lebrunii
クロタラリア(*crotalum* カスタネット又は*crotalia* 真珠の耳飾り)レブルニイ(?)　マメ科の灌木です
アフリカのタヌキマメと呼ばれている種があり毒素があり線虫を退治するなど緑肥として栽培されているようです。
枝先に花が付いています。

Hypericum revolutum
ヒペリカム
(*hypericum*=*hypericom*=キランソウと訳されている)レボルツム
(*revolutus* 戻った　反巻きした)
Hypericum については *hyperion*=太陽の神の方がふさわしく思います。
日本ではオトギリソウ属です。

参考文献

Field Guide Alaskan wildflowers　　Verna E.pratt　　1989 年

The Fauna .Flora and Mountain of Torres del paine

Walter Prexl,SarahAnderson,Carolina caceres

Kilimanjaro National park　　　　　　　　jeanetiehen　　by Deborah Snelaon

世界のワイルドフラワー　1　と　2　　　　富山稔、大場英秋監修

雲南の植物　　　　　森和男著　2002 年

原色高山植物図鑑　Ⅰ　Ⅱ　　　　北隆館　小野幹雄他著　昭和 63 年(1988 年)

地衣類のふしぎ　　柏谷博之著　2009 年発行

極限に生きる植物　　増澤武弘著

植物の科学　　　　　八田洋章編著

植物の生存戦略　　　特定領域研究班編

植物たちの生　　　　沼田真著

山の自然学　　　　　小泉武栄著

植物の雑学辞典　　　大場秀章監修

ギリシァ神話　　　　中村善也、中務哲郎共著

＜ラテン語＞

羅和辞典　　　　　　田中英雄編　研究社　2000 年 34 刷

＜学名＞

生物の名前と分類　　　　　学術論文翻訳サービス

学名解説　属名、種小名　牧野新日本植物図鑑　北隆館

あとがき

　地球の公転や自転は極地や赤道などの過酷な気候を生み出します。

　その極悪な環境に耐えて、植物のどれもが美しく咲く姿に愛おしく感動していただいたとおもいます。

　植物は、花を咲かせて種を育て、命を繋いで毎年繰り返し生きて無限の時間を生きています。

　私は無限に繰り返し生きることが植物の性質および要素のように思います。

　それがまた、動物たちに食料を与え、酸素を生み出す基にもなっています。

　私たち人間が必要な、おいしい食べ物と空気を供給してくれる基にもなっています、感謝しています。

　機会をみて野山に出て植物の探索をしてみてください、発見があるはずです。

(なお洋書の翻訳に孫娘に協力していただきました。)

　　　　　　　　　　　　　　　　　　　　　　　　2024 年 9 月

　　　　　　　　　　　　　　　　　　　　　　　　埼玉県川越市岸町

　　　　　　　　　　　　　　　　　　　　　　　　山猫柳(大野　修)

筆者略歴

1941年生まれ
中学生の時、自然に興味、蝶の飼育と採集、標本作りをする
14歳の時、尾瀬沼、尾瀬ヶ原に入り、モウセンゴケの観察、蝶の採集
尾瀬燧岳の登頂をする。その後登山に励む。
60歳で会社を定年退職し、登山を再開、その傍ら、国内・外の自然を写真に収め、それを素材に自然紹介紙「風露草」15年間発行する　休刊し現在にいたる

極限の環境に生きる植物

2024年12月10日　第1刷発行

著　者　山猫柳（大野 修）

発行者　太田宏司郎
発行所　株式会社パレード
　　　　大阪本社　〒530-0021　大阪府大阪市北区浮田1-1-8
　　　　　　　　　TEL 06-6485-0766　FAX 06-6485-0767
　　　　東京支社　〒151-0051　東京都渋谷区千駄ヶ谷2-10-7
　　　　　　　　　TEL 03-5413-3285　FAX 03-5413-3286
　　　　https://books.parade.co.jp
発売元　株式会社星雲社（共同出版社・流通責任出版社）
　　　　　　　　　〒112-0005　東京都文京区水道1-3-30
　　　　　　　　　TEL 03-3868-3275　FAX 03-3868-6588
装　幀　藤山めぐみ（PARADE Inc.）
印刷所　中央精版印刷株式会社

本書の複写・複製を禁じます。落丁・乱丁本はお取り替えいたします。
©山猫柳 2024　Printed in Japan
ISBN 978-4-434-34779-5 C0040